Discovery of Animal Kingdom
听大象讲故事

［英］史蒂夫·帕克／著　　［英］彼特·大卫·斯科特／绘

龙　彦／译

长江出版传媒 | 长江少年儿童出版社

大象的畅快生活从这里开始……

欢迎来到非洲大草原。

可能你们在动物园里见过我的同类，

但我跟他们真的很不一样，

我的生活自由畅快，也充满危险。

我们每年都要长途跋涉，

逃避火灾和干旱，

寻找水源和食物，

还要去大盐洞吃咸土，

太难吃了！

沿途，我们会遇到斑马、羚羊，

也会碰到"尖牙齿"、"沙地王"等。

但我们最害怕叫作"人类"的新生物，

他们太喜欢我们的象牙了，

老是想据为己有，

我大姨就是因此而永远离开我们的

……

瞧瞧我的鼻子!

目 录

森林般的大腿

我记得的第一件事情，就是好多好多又大又高的大腿围着我。那时候，太阳刚刚升起，我刚刚出生还躺在地上。妈妈离我最近。然后，象群里的其他妈妈们，一个接一个地过来看我。她们用大鼻子闻闻我，还拍拍我。真好玩！

我紧挨着妈妈，
小步小步地跑着。

非洲草原象

成年体型

身长： 可达 6 米

身高： 可达 4 米

体重： 可达 8 吨

栖息地： 灌木丛、草原、开阔的树林

食物： 树叶、草、细枝、果子、嫩枝、花、树皮

特征： 体型庞大！耳朵超级大，象鼻子很长，象牙又大又硬。

后来，我记得我站起来了——又摔倒了。我练习了好几个小时，终于会走路了。我紧挨着妈妈，尽量不摔倒在她的大脚下。

象群在火热的太阳下休息，我在一旁练习走路和跑步。到了晚上，象群就要开始寻找食物了。我得小步小步地跑着，才能跟上他们！

妈妈说，那些身上长有条纹的是斑马。

我出生的消息，上头条啦！

妈妈的脚好大啊！不过，她走路的时候特别小心。

刚出生的小象，一开始几乎看不见东西，所以要用象鼻子去感觉、去闻。我花了好一会儿才学会了活动鼻子——好几次，我都把它朝天上举着。

日出象群有了新宝宝！

新宝宝与妈妈、阿姨在一起。

今天凌晨，日出象群里的一位大象妈妈生了一个小宝宝。宝宝健健康康，体重 106 千克。象妈妈花了不到两个小时，就把宝宝生下来了；宝宝花了两个小时，就能站起来了。大象发言人说："我们都非常高兴，又有新成员了。现在，我们象群有 37 只象了。妈妈和宝宝都很健康。"

我的象群

　　我要去认识一下象群里的其他大象。大人们全都是女的，是母象。年纪最大的是"智慧老大"。她是首领，带领我们寻找食物、水源，并躲避危险。当然，象群里还有我的姐姐、其他阿姨和表姐妹们。

一些年长的大象可以站着打盹。太佩服了！

所有的大象都会边嗅边看边听，警惕危险。

大姨正在用力地咀嚼几根长满叶子的细枝。

　　妈妈说，我们这个象群叫作"日出象群"。因为，当早上太阳升起的时候，我们就吃饱了，站在路边，热热身子。中午，天气太热，我们会去阴凉的地方打盹。等太阳开始下山时，我们又变得活跃起来——那是我们小孩子的玩乐时间。

智慧老大太老了，她大部分时间都在睡觉，就连白天也是。

我还记得我第一次遇到犀牛猪鼻的情景。那时候，他正站在灌木丛旁边，一边看，一边嗅。他跟我们差不多大。他也长着长长的鼻子。不过，他的鼻子很硬、很尖。这点跟我们很不一样。我们的鼻子是弯弯的，而且有很多用处。

二姨看着小朋友们玩耍。

猪鼻的皮很厚，差不多跟树皮一样硬。

姐姐正跟几个表姐妹们一起嬉闹。

大表姐差不多快成年了。

现在，我可以走到离妈妈远一点的地方了。不过也不会太远——不超过几米。每隔一两个小时，我就会走回去，喝妈妈的奶。她会用长鼻子拍拍我。真好玩！要是其他大象发出了警告的声音，比如噗嗤声或者跺脚声，我就要赶紧跑回去，躲到妈妈的大腿后面。

我爱妈妈。虽然她有时候会骂我，但她会一直喂我吃的，尽力保护我。

学习真好玩！

这个洞叫鼻孔，我就是用它来呼吸的。

我的鼻子和上嘴唇连在一起，组成象鼻。我的象鼻很长很长，而且还可以伸展。

每天，我都要学习新东西。这可真难啊！我要控制一个长鼻子、两个大耳朵、四只大腿，还有一根长尾巴。不过，一旦学会了，我就不会忘记。大象都有超级好的……呃，那个词叫什么来着……记性。

昨天，我学会了扇耳朵。这样，等以后我觉得太热了，就可以扇扇耳朵。我的血液可以把身体里的温度传到我的大耳朵上，我再扇扇大耳朵，就可以把这些热气丢到空气中去。真凉快！

我扇扇耳朵，就会有微微的风。

妈妈的奶是从肚子下面的奶头里出来的。

我很长时间都要吃妈妈的奶，一直要吃到三岁左右。妈妈安静地站着让我喝奶，等我慢慢喝饱。不过，一个小时后，我就又饿了！

有时候，妈妈会和我一起站着休息休息。她会用她的大鼻子在我身边晃来晃去，轻轻地闻闻我、摸摸我。我也会闻闻她。我们认识彼此的样貌，也闻得出彼此的气味。妈妈真美！

跟妈妈待在一起，我可以安心地睡觉。

四表姐有六个月大了。她现在已经开始吃一些植物了。

我的皮很厚，也很有柔韧性。

我现在还很难控制自己的尾巴。大人们用尾巴来赶走讨厌的苍蝇和虫子。

训练象鼻

1.拍拍妈妈

2.闻闻空气

3.吹走灰尘

4.触碰树叶和细枝

5.拔草

6.吸水，喷进嘴巴里，喝掉；也可以给自己喷一身水——真凉快！

四处奔波

智慧老大说，现在该走了，因为我们已经把这附近的东西都吃得差不多了。她闻了闻空气，努力地听了听周围的动静，然后带着我们去穿越大山。现在，我们正在寻找一个最近一直在下雨的地方：那里的地上会长出新鲜的草，树上也会长出新鲜的叶子。

金合欢树最后的一点种子也被我吃掉了。真好吃！

妈妈走在我旁边。

我今天的食物

1.妈妈的奶
（现在每天吃得少一点了）

2.猴面包树的嫩芽

3.金合欢的种子

4.狗牙根草

我们走着走着，一些"长脖子"就加入了我们。我们喜欢他们跟我们一起走，因为他们长得很高，可以放哨。还有，那些吃肉的动物（我们叫他们"尖牙齿"）不太会袭击一支庞大的队伍，因为我们会一起对付他们。

智慧老大已经有60岁了，她领导日出象群20年了。她记得我们到过的所有地方，知道什么地方什么时候会有东西吃，还知道什么地方生活着危险的"尖牙齿"。

长颈鹿

成年体型

身长：8 米

身高：6 米

体重：1 吨

栖息地：开阔的树林、灌木丛

食物：树叶、细枝、芽、果子、灌木、草

特征：脖子和腿很长，鹿角很小。

"长脖子"是最高的动物。

我们跟随着智慧老大的脚步。

智慧老大一直领导着象群。

干树皮。真恶心！

又硬又尖的枯草。呸！

危险！

哇，现在我知道"尖牙齿"有多可怕了！妈妈和几个阿姨（我不记得是哪几个了），还有我，我们被"沙地王"狮子包围了。我们跟象群分开之后，他们就猛地冲了过来。

大姨扇着耳朵，让自己看起来显得大一点。

斑鬣狗在一旁等着。

"沙地王"准备袭击阿姨。

我站在妈妈和阿姨中间。

斑鬣狗

成年体型

身长：约 160 厘米

身高：90 厘米

体重：60 千克

栖息地：开阔的树林、灌木丛、草原

食物：各种动物，小至老鼠，大至大象，无论是活的，还是死的。

特征：牙齿很尖、很厉害，能咬碎东西；可以跑好几个小时；群体捕食。

在平坦的大草原上，那些杀手们不知从哪儿冒了出来，动作好快，我总算见识到了。"沙地王"来了，斑鬣狗也来了。斑鬣狗一般会跟在后面，等"沙地王"出手捕杀后，再冲过来，大口大口地咬食猎物。

妈妈发出大大的吹喇叭一样的声音，吓唬"尖牙齿"。

"沙地王"不动的时候，看起来就像一堆草。我已经学会通过观察和闻他们的脚印来判断附近是不是有危险。幸运的是，他们这次全都被妈妈和阿姨们吓跑了。太好了！

"沙地王"的脚印

这只"沙地王"绕到妈妈的背后！

"沙地王"的老大准备从前面出击。

母 狮

成年体型（雌性，负责捕食）

身长: 240 厘米

身高: 90 厘米

体重: 150 千克

栖息地: 草原、开阔的树林、灌木丛

食物: 牛羚、斑马、瞪羚、小象！

特征: 牙齿又尖又长，身体强壮，感觉灵敏，群体捕食。

赶往大盐洞

这是我第一次去大盐洞。妈妈说，日出象群每年都要去那里几次。大盐洞是悬崖上的一个大洞。在那里，我们可以吃地上和墙上的咸土。我们要走很远很远才能到达那里。智慧老大认识路。

金合欢树已经变得又干又硬了。

荆棘丛也很干，而且还蒙上了很多灰。

智慧老大带领我们开始旅程。

其他动物都说大象很笨重。其实，我们走路的时候很安静、很灵巧呢！我们的脚宽宽的，可以分散身体的重量。就算是陡峭的山坡，我们也能毫不费力地爬上去；沙地和泥地，我们也能很轻松地穿过。

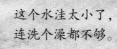

这个水洼太小了，连洗个澡都不够。

14

我跟着象群匆匆忙忙地赶往大盐洞。我们吃的那种土，叫作矿物质。我们需要矿物质来保持健康。同时，我们也要吃其他奇怪的东西——连便便也要吃！这样能获得多种营养素。这些营养素是我们的主食里所没有的。

我吃的奇怪东西

1. 超级难吃的咸土
2. 非常难吃的咸泥
3. 臭虫、蠕虫，为了获得维生素。
4. 妈妈的便便
5. 其他象群成员的尿

我个子小，走在悬崖边上很安全。

我个子小，走在瀑布边上却很危险。妈妈帮了我一把。

我们用象牙来松土。

通往大盐洞的小路非常陡峭。

终于到达大盐洞了。但问题也来了：这些土实在是太难吃了！妈妈要我全都吃光，不然，就不许我吃好吃的，连金合欢树的种子也不许我吃。太不公平了！

奇怪的生物

今天，真的是太奇怪了。我在大平原上看到了几个新生物。他们用两条腿走路——真有趣；他们钻进一个又大又吵的大壳里，那个大壳跑得飞快——真稀奇；他们不吃树叶——真古怪；他们的声音很大，大壳的声音更大——真可怕！

我竖起耳朵，尽量保持警惕。

人 类

成年体型

身高：1.5–1.8 米

体重：50–100 千克

栖息地：任何地方

食物：任何食物

特征：用两只脚走路。非常聪明。

智慧老大说，那些生物叫作人类。他们总是会带来麻烦。上次，他们一来，就弄得到处乒乒乓乓地响，跟打雷一样。然后，日出象群里有些大象就不见了，以后也再没有见到。

他们的那个大壳可真稀奇啊！从早到晚，大壳不吃不喝地跑了好几个小时，也不知道累。不过，到了石头多、泥巴深的地方，大壳就搞不定了。这个我可要记住了，因为我不相信它的本领。

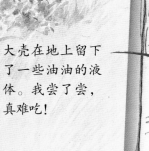

人类的大壳可以安安静静地待好多年，不太像真正的动物啊！

我们盯着人类和他们的大壳看了大半天。到了傍晚，他们就离开了。不过，妈妈、四表姐和小姨都说，这些人类还会回来的。上次，他们一来，就发生了坏事情，下次可能还会发生。

我听到大壳的声音，像"尖牙齿"在吼叫一样，但是比"尖牙齿"吼得久。

人类有时是小眼睛，有时又会变成大眼睛。

大壳在地上留下了一些油油的液体。我尝了尝，真难吃！

大壳还留下了长长的脚印。

最伤心的一天

这天，我们象群很不开心。一大早，人类就又来了。然后，我听到砰地几声响，再后来，就看到大姨死了。大姨27岁了，看起来仍然很年轻。她是我最喜欢的阿姨。她没有挨饿，也没有生病，只是摔倒了，然后就死了。我们都没有来得及跟她道别。这一切，发生得太突然了！

智慧老大把树叶和细枝放在大姨的身体上。

妈妈试图举起大姨的身体，让她复活。

在我们象群中，若是某个成员死了，我们就要围着她的尸体，用我们的鼻子和腿抚摸她。据说，有一些地方叫大象墓地，是老象们死后去的地方。可是，这些传说都不是真的。

妈妈说，等下次我们再经过这里时，大姨就只剩下骨头了。斑鬣狗会撕掉大姨的皮，长着钩子嘴的秃鹫会叼走大姨的肉。

食腐动物很快将尸体团团围住。

但最最奇怪的是：大姨的牙齿不见了。到处都没找到。我估计是被人类拿走了。他们要大姨的象牙干什么呢？我无法想象——他们的嘴巴很小很小啊。这辈子，我都会记住这可怕的一天。

小姨止不住地呜咽着，发出隆隆的声音。

象牙的作用

1. 推倒大树，方便食用。

2. 挖植物的根，当作食物。

3. 撕掉软软的树皮，方便咀嚼。

4. 打跑"尖牙齿"。

5. 在交配季节，用来战斗。

干旱的季节

已经有好几个星期没下雨了。树叶和草都变黄了。我和其他"绿色食客"们聊了聊，看看他们都喜欢吃什么。好像我们喜欢的东西完全不同，我们也不用抢东西吃了。

每只斑马身上的条纹都有点不一样。

斑马纹纹经常在我们旁边吃东西。她可以吃掉那些一条一条的、又硬又厚的草。大多"绿色食客"们都不吃这些。纹纹还会津津有味地吃那些矮矮的植物。

快快的蹄子很有劲，可以用来踢敌人。

汤氏瞪羚快快也喜欢吃草。有些很干、很脆的草，我吃了会噎到，可是他喜欢吃。快快还把鼻子埋在土里，找种子和烂植物吃。他真可爱！

待办事项

1. 找点儿食物。
2. 洗个澡——这儿的灰尘可多了！
3. 再找点儿食物。
4. 跟姐妹们一起玩耍。
5. 再找点儿食物。

牛羚噜噜长着一个笨笨的鼻子，门牙又宽又尖。她可以蹲到地上，把那些很短很短的草吃进嘴里。这可是我这个了不起的长鼻子都没法办到的！

噜噜用尖尖的角来保护自己。

春春跳过灌木丛，躲避"尖牙齿"。

捻角羚春春可以抬起前腿，去吃高高的食物。他跟我一样，主要吃树叶、芽、嫩枝和果子。不过，春春还喜欢吃花和长藤，这些我是不吃的。

大水洼虽然变得很小了，但还是挤满了"绿色食客"。

着火了！

糟糕！一道闪电击中了灌木丛，把灌木丛点燃了。小鸟大声叫着，发出警报，然后飞到安全的地方去了。要是我们也会飞，那该多好啊！干草和树木噼里啪啦地烧了起来，火苗蹿得比我们跑得还快。

这样的味道，这样的声音，这样的热气，真恐怖啊！

大火燃烧着这棵大树。不过，它应该会恢复的。

快跑！这是我第一次遇到大火，我要跟妈妈待在一起！她在寻找大火的缺口，比如石头、水池，或者是大火烧不到的地方，好让我们逃跑。

最后，日出象群终于安全了。幸好，有那些小鸟发出的警告。智慧老大说他们是"长着翅膀的火灾报警器"。现在，他们聚集在烧焦地方的边缘，准备吃那些热气腾腾的动物。

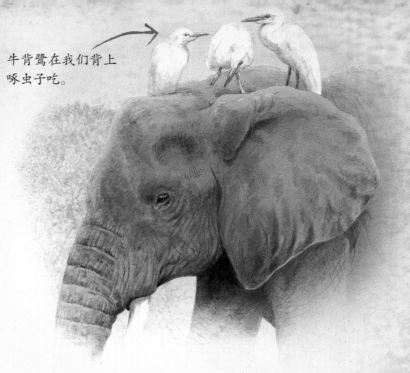

牛背鹭在我们背上啄虫子吃。

白鹭在地上寻找虫子、老鼠、青蛙和蜥蜴。

在其他方面，小鸟们也很有帮助。他们会站在我们身上啄害虫，比如苍蝇啦，虱子啦，还有其他虫子。我们可以变得干干净净，他们也可以美美地吃上一顿。太棒了！

我们匆忙地逃走，到达一个已经被火烧过的地方。暴雨浇灭了这里的大火，浸润了这里的土地。植物已经从潮湿的地里长出来了。大自然可真厉害，对吧！

土里的种子活了下来，很快就会开始生长。

23

终于下雨了

智慧老大第一个嗅到了空气里的雨味。她看到远方黑压压的乌云，听到了雷声。她知道，大雨就要落下来了。每年这个时候，都会下雨。雨点洒在我身上，可真凉快啊！大雨还制造了许多水坑，让我们有水喝。总是灰尘满天飞、天干地燥的草原，下点儿雨还真好！

虽然年纪很大了，智慧老大还是很喜欢洗泥巴澡！

干旱结束：大迁徙开始了！

迁徙大道十分拥挤

昨天，暴雨洗刷了大平原，干旱季节就此结束。"谢天谢地。"斑马发言人说道，"我们还以为大雨不会来了呢。"牛羚和瞪羚沿着迁徙大道的主干道排起了长队。在横穿汹涌的大河时，有9只瞪羚被冲走，或者是被鳄鱼抓走了。

姐姐准备潜到水下，用高高举起的长鼻子呼吸。

很快，水洼全都填满了。大象喜欢在泥地里挤呀、压呀、翻呀、滚呀。这样可以把我们身上的小虫子甩下来，还能愈合伤口，我们也会觉得凉快些。我已经学会用鼻子吸水吹水来给自己洗澡了。

河马白天睡觉。

我正在高高兴兴
地洗澡……

鳄鱼突然浮出了水面。
啊啊，快跑啊！

尼罗鳄

成年体型

身长：5 米

身高：80 厘米

体重：500 千克

栖息地：河流、湖泊、湿地、沼泽

食物：各种动物，包括斑马、羚羊，甚至大象！

特征：嘴巴很厉害，牙齿很尖，尾巴很有劲，喜欢潜伏在水下。

河马一整天都待在水里，到了晚上才上岸找吃的。鳄鱼也喜欢这样——这可就麻烦了。要知道，鳄鱼也是最危险的"尖牙齿"啊！他会突然挥动尾巴，向前一扑，狠狠一咬。他最喜欢抓像我这样的小孩了。

小姨最在行的就是
在泥地里打滚。

超级来客

大象会用很多种声音来"说话"。我们可以发出隆隆隆和咕噜噜的低频声音，人类听不到。一般来说，我们在害怕的时候，会吼一吼、吱吱叫、噗噗作响。不过，今天，我听到了我这辈子听过的最大的一种声音。这些声音是一些我从来没见过的大象发出来的。

两只公象相互吼叫着、推着、挤着。

妈妈说，这些超级来客是公象——长大了的男孩。他们每年都会来这里，相互炫耀、大声吼叫、激烈地打架。打赢了的，就可以和长大了的女孩（母象）交配。

26

妈妈说，那只最大的公象就是我爸爸。很快，所有的公象就要走了。公象们小时候会偶尔稀稀拉拉地生活在一起；长大了，大部分公象会单独生活。

公象的牙齿比母象的大。

我爸爸打架的时候，整个大地都摇晃了！

公象和母象会成对地离开大象群。他们会相互闻一闻，扇扇耳朵，蹭蹭脑袋，碰碰牙齿，用鼻子相互轻轻地抚摸。

妈妈们通常是领导者。

新智慧老大

两天前，智慧老大感到太累太累了，便躺下去睡了一觉。然后，我们就叫不醒她了。就跟大姨死的时候一样——只不过要慢一点，我们还有时间跟她道别。真伤心！现在，我们需要一个新领导。

我、妈妈，还有其他几只大象聚到一起，要跟大象群分开了。我们想找到我们一直走的那条路线。可是，篱笆和人类的大壳挡住了路。

前面有大壳！新智慧老大得决定接下来往哪边走。

小表妹们相信：新智慧老大会保护我们的安全！

不管走到哪儿，大壳总是在那儿看着我们。

这些人类的大壳可真讨厌！而且，这些大壳好像比以前多了。睡觉时，它们会吵醒我们；走路时，它们还会挡路。

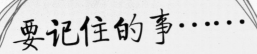

要记住的事……

1. 跟象群待在一起。
2. 时刻小心"尖牙齿"。
3. 不要忘记重要物品。

日出象群决定让妈妈当新智慧老大。太好了！她知道哪里有吃的，哪里有喝的，哪里可以休息，哪里最安全。不过，她还是我妈妈，她还是那么美丽！也许有一天，我也会当上智慧老大呢！

我走在最后面，确保大家都安全。

大家眼里的我

我见过许多动物，我知道他们眼里的我是什么样的。一起来看看吧……

斑马

> 我喜欢吃刚刚被杀死的大象！不过，我不会经常吃大象的。我们捕食的母狮都知道，对付一只大象，等于是在对付一群大象。

> 大象是害虫，就这么简单。他们太能吃了。他们一洗澡，水就变得脏死了。他们还随地大小便。还有，他们没有条纹！

母狮

长颈鹿

> 我喜欢日出象群的大象们。他们力气很大，用牙齿和鼻子就可以推断树枝，还能把大树推倒。这样一来，我们就可以吃到更多的食物了。加油哇，大象群！

> 我们喜欢跟日出象群一起旅行。我们长得高，可以看得远，大象长得矮一点，可以感应到下面的情况。真是绝佳搭档呀！

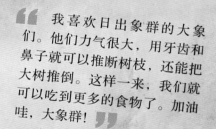

捻角羚

鳄鱼

> 成年大象太大了，我没法抓住他，没法把他拖进水里。不过，那些可爱的小象，身上肉嘟嘟的，好吃多了——我是说，好多了（嘿嘿）。

动物小辞典

尸体：死掉的动物的身体。

干旱：一直干燥，没有下雨，植物和动物都开始生病，甚至死去。

干旱期：很长时间不下雨。大草原上差不多每年都有干旱期，所以当地的植物和动物都习惯了。

绿色食客：吃植物的动物，也叫食草动物。

勾子嘴：像钩子一样的嘴巴。比如老鹰（捕食活着的猎物）、秃鹫（一般吃已经死掉的动物）的嘴。

大壳：人类称之为汽车和卡车。

长脖子：日出象群给长颈鹿起的名字，长颈鹿长着长长的脖子，前腿也很长。它们差不多有 6 米高。

迁徙：长途跋涉，在各个地方之间移动，为的是找到条件更好的地方，比如有食物、有住所的地方。

营养素：化学物质，身体需要这些来保持健康。维生素和矿物质都是营养素。

大盐洞：一个洞穴，靠近悬崖边、湖边这样的地方，那里的土壤里有丰富的矿物质，比如盐。大象和大多数野生动物一样，知道它们自己需要这些矿物质。它们平时吃的东西里都缺少矿物质，所以大象要专门去找这些矿物质吃。

沙地王：日出象群给狮子起的名字，那些狮子的颜色跟沙子一样，是黄褐色的，它们躲在干草里面，可以伪装得特别好。

食腐动物：一些动物，它们吃死掉的动物，还吃别的食肉动物吃剩下的东西，任何快要死的、已经死的或者正在腐烂的零碎的东西，它们都吃。

尖牙齿：日出象群给许多捕食者或者吃肉的动物（也就是食肉动物）起的名字。其中包括狮子、豹子、猎豹，还有斑鬣狗。

斑鬣狗：一种吃肉的动物，生活在非洲，身上长着斑点。

水洼：在干旱地区，有一个池塘或者湖泊，一年当中，里面大部分时候都有水。动物们就到那里去喝水。

> 大家都叫我们胆小的食腐动物，可这是不公平的。我们很饿很饿时，也会结成群一起出击，甚至能杀掉一只成年大象。虽然比较困难，但够我们吃得饱饱的！

斑鬣狗

图书在版编目(CIP)数据

听大象讲故事 / （英）帕克著；（英）斯科特绘；龙彦译. —武汉：长江少年儿童出版社，2014.5
（动物王国大探秘）
书名原文：Elephant
ISBN 978-7-5560-0205-4

Ⅰ.①听… Ⅱ.①帕… ②斯… ③龙… Ⅲ.①长鼻目—儿童读物 Ⅳ.①Q959.845-49

中国版本图书馆CIP数据核字（2014）第006088号
著作权合同登记号：图字17-2013-263

听大象讲故事

[英]史蒂夫·帕克 / 著　　[英]彼特·大卫·斯科特 / 绘　　龙　彦 / 译
责任编辑 / 罗　萍　叶　朋　孙冬梅
装帧设计 / 叶乾乾　美术编辑 / 郭　盼
出版发行 / 长江少年儿童出版社
经销 / 全国新华书店
印刷 / 广州市番禺艺彩印刷联合有限公司
开本 / 889×1194　1/12　3印张
版次 / 2014年5月第1版第1次印刷
书号 / ISBN 978-7-5560-0205-4
定价 / 15.00元

Animal Diaries: Elephant
By Steve Parker
Editor Carey Scott
Illustrator Peter David Scott/The Art Agency
Designer Dave Ball
Copyright © QED Publishing 2012
First published in the UK in 2012 by QED Publishing, A Quarto Group company, 230 City Road
London EC1 V 2TT, www.qed-publishing.co.uk

策划 / 海豚传媒股份有限公司
网址 / www.dolphinmedia.cn　邮箱 / dolphinmedia@vip.163.com
咨询热线 / 027-87398305　销售热线027-87396822
海豚传媒常年法律顾问 / 湖北豪邦律师事务所　王斌　027-65668649